Zaubere Königsaufgaben.

3 · 1 = ____ 1 · 3 = ____

4 · 2 = ____ 2 · 4 = ____

9 · 1 = ____ 1 · 9 = ____

8 · 2 = ____ 2 · __ = ____

7 · 1 = ____ __ · __ = ____

6 · 2 = ____ __ · __ = ____

Zaubere Königsaufgaben.

$4 \cdot 5 =$ ____ $5 \cdot 4 =$ ____

$9 \cdot 5 =$ ____ $5 \cdot 9 =$ ____

$8 \cdot 5 =$ ____ ___ $\cdot$ ___ $=$ ____

$3 \cdot 10 =$ ____ $10 \cdot 3 =$ ____

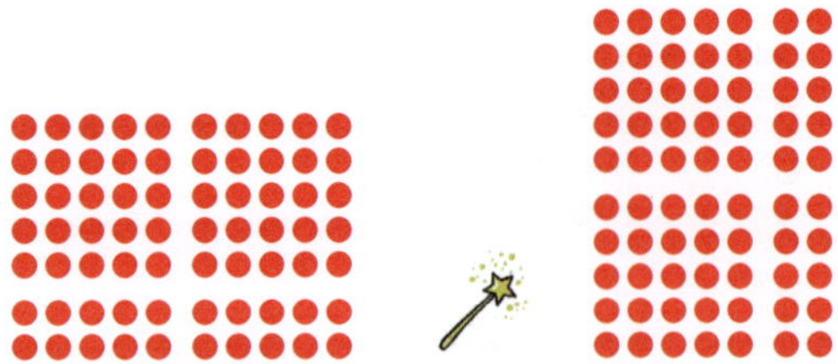

$7 \cdot 10 =$ ____ $10 \cdot$ ___ $=$ ____

$9 \cdot 10 =$ ____ ___ $\cdot$ ___ $=$ ____

Königsaufgaben nutzen

D01 oder j8gg66

1. Schneide so durch, dass du 2 Königsaufgaben erhältst.
2. Klebe auf und schreibe die Aufgaben.

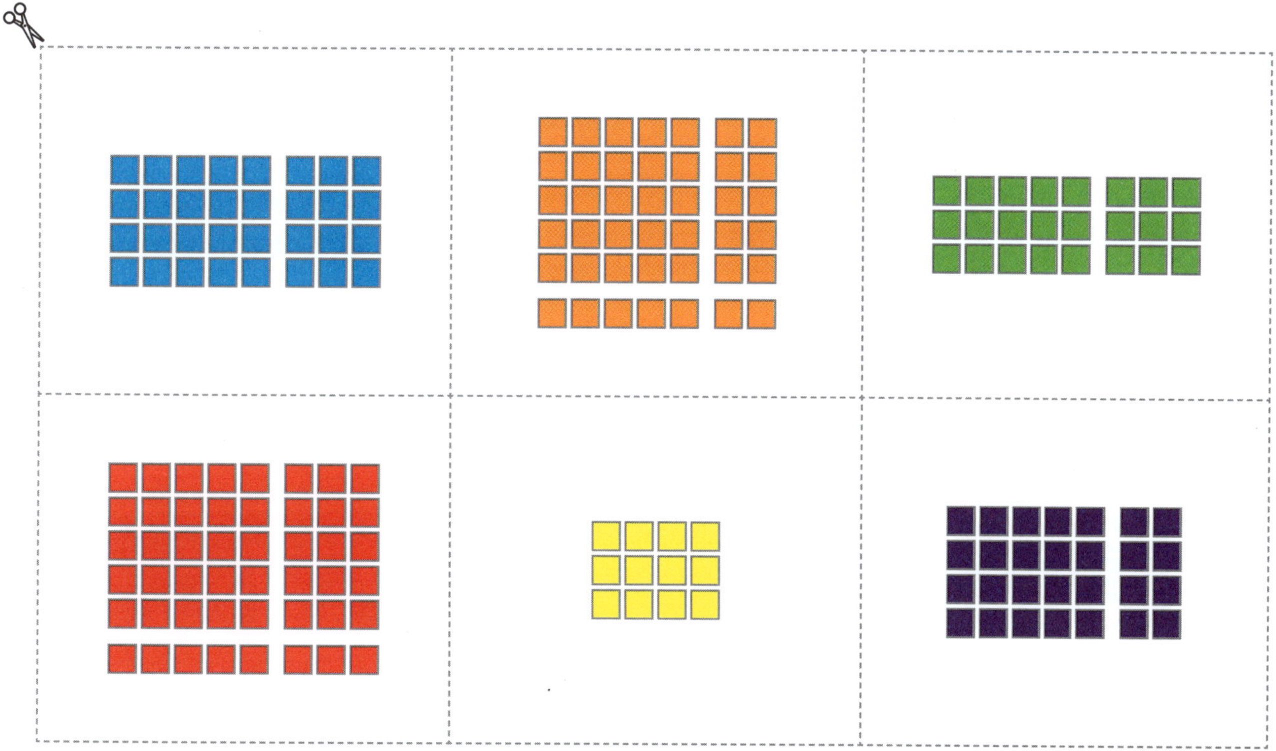

Königsaufgaben nutzen

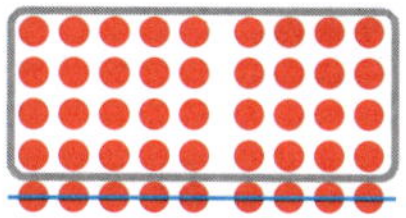

👑 $5 \cdot 9 =$ ____
👑 $1 \cdot 9 =$ ____
$4 \cdot 9 =$ ____

👑 $5 \cdot 3 =$ ____
👑 $1 \cdot 3 =$ ____
$4 \cdot 3 =$ ____

👑 $10 \cdot 7 =$ ____
👑 $1 \cdot 7 =$ ____
$9 \cdot 7 =$ ____

👑 $10 \cdot 6 =$ ____
👑 $1 \cdot 6 =$ ____
$9 \cdot 6 =$ ____

👑 $10 \cdot 6 =$ ____
👑 $2 \cdot 6 =$ ____
$8 \cdot 6 =$ ____

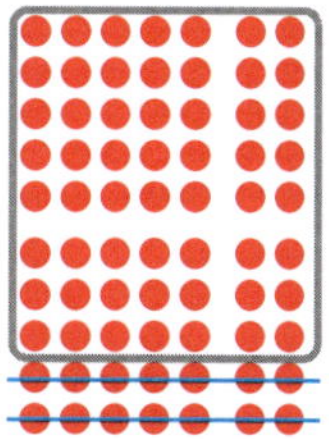

👑 $10 \cdot 7 =$ ____
👑 $2 \cdot 7 =$ ____
$8 \cdot 7 =$ ____

$2 \cdot 4 =$ ____

____ $\cdot\ 4 =$ ____

____ $\cdot$ ____ $=$ ____

____ $\cdot$ ____ $=$ ____

____ $\cdot$ ____ $=$ ____

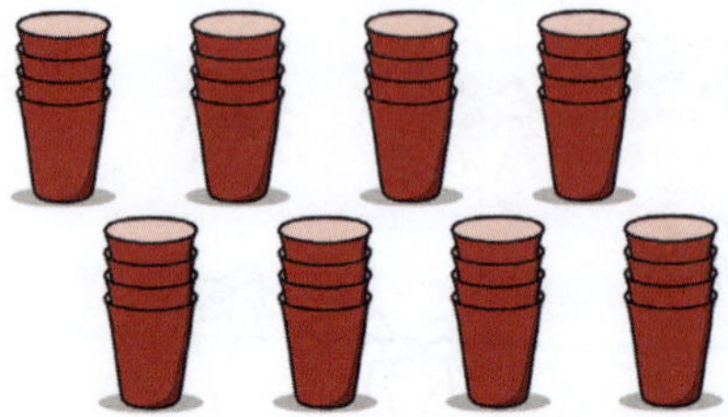

____ $\cdot$ ____ $=$ ____

$1 \cdot 4 =$ ____ $2 \cdot 4 =$ ____ $5 \cdot 4 =$ ____ $10 \cdot 4 =$ ____

$4 \cdot 8 =$ ____

__ $\cdot$ 8 = ____

__ $\cdot$ __ = ____

__ $\cdot$ __ = ____

__ $\cdot$ __ = ____

__ $\cdot$ __ = ____

$1 \cdot 8 =$ ____ $2 \cdot 8 =$ ____ $5 \cdot 8 =$ ____ $10 \cdot 8 =$ ____

6 · 3 = ____

__ · 3 = ____

__ · __ = ____

__ · __ = ____

__ · __ = ____

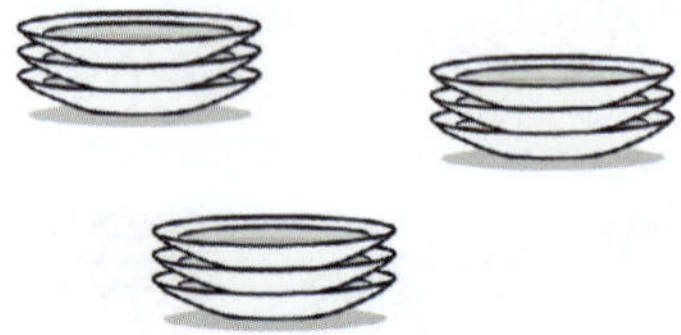

__ · __ = ____

1 · 3 = ____

2 · 3 = ____

5 · 3 = ____

10 · 3 = ____

6 · 6 = ____

__ · 6 = ____

__ · __ = ____

__ · __ = ____

__ · __ = ____

__ · __ = ____

1 · 6 = ____

2 · 6 = ____

5 · 6 = ____

10 · 6 = ____

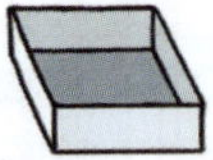

0 · 9 = ____

__ · 9 = ____

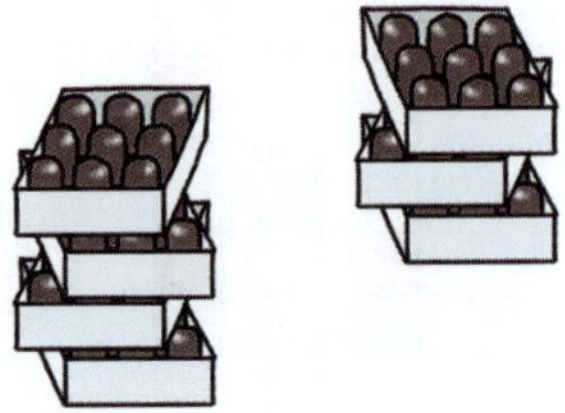

__ · __ = ____

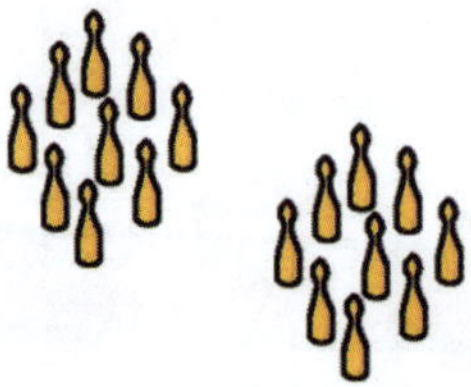

__ · __ = ____

__ · __ = ____

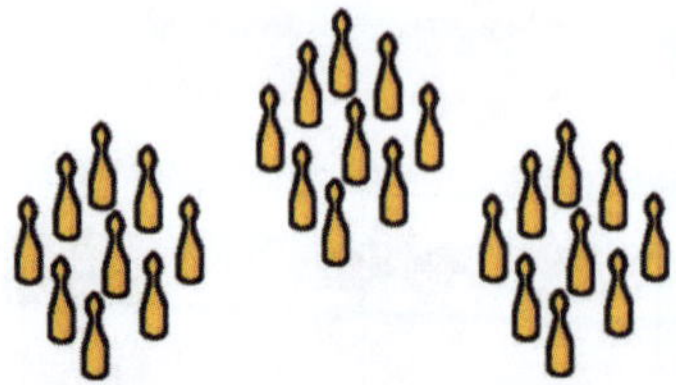

__ · __ = ____

---

1 · 9 = ____ 2 · 9 = ____ 5 · 9 = ____ 10 · 9 = ____

D01 oder j8gg66

3 · 7 = ___

___ · 7 = ___

___ · ___ = ___

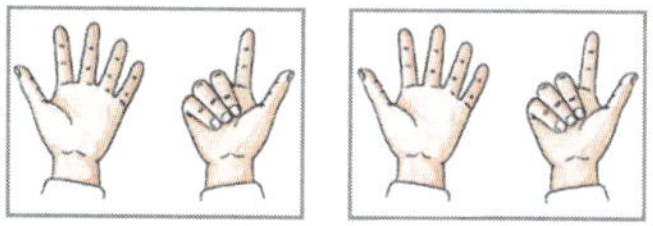

___ · ___ = ___

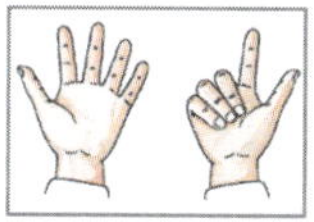

___ · ___ = ___

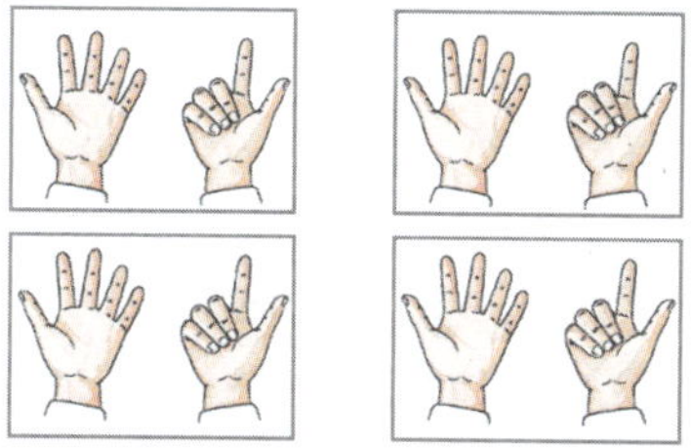

___ · ___ = ___

1 · 7 = ___

2 · 7 = ___

5 · 7 = ___

10 · 7 = ___

12 18 20 24 30 40 48

Schneide die Äpfel aus. Verteile sie auf einen Teller.

Wie viele Äpfel kommen auf den Teller?

Notiere die Aufgabe so: 12 : 1 = ____ Auf einen Teller kommen ____ Äpfel.

Verteile die Äpfel dann auf 2, 3 und 4 Teller.

Du kannst die Äpfel auch übereinander legen. Notiere jeweils die Aufgabe.

Wie viele Netze brauchst du?

Immer 4 kommen in ein Netz.

24 : 4 = ____

Ich brauche ____ Netze.

Immer 3 kommen in ein Netz.

15 : 3 = ____

Ich brauche ____ Netze.

Immer 5 kommen in ein Netz.

20 : 5 = ____

Ich brauche ____ Netze.

Immer 2 kommen in ein Netz.

10 : 2 = ____

Ich brauche ____ Netze.

Löse. Male Aufgabe und Umkehraufgabe gleich an.

$6 \cdot 2 =$ 12

$24 : 4 =$ ___

$3 \cdot 9 =$ ___

$14 : 7 =$ ___

$8 : 2 =$ ___

$20 : 5 =$ ___

$9 \cdot 4 =$ ___

$35 : 5 =$ ___

$2 \cdot 7 =$ ___

$7 \cdot 5 =$ ___

$4 \cdot 2 =$ ___

$4 \cdot 5 =$ ___

$27 : 9 =$ ___

$12 : 2 =$ ___

$36 : 4 =$ ___

$6 \cdot 4 =$ ___

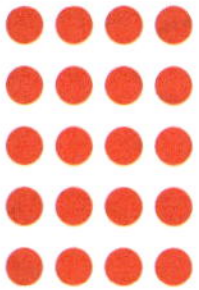

$5 \cdot 4 =$ ____
$4 \cdot 5 =$ ____
$20 : 4 =$ ____
$20 : 5 =$ ____

$6 \cdot 7 =$ ____
$7 \cdot 6 =$ ____
$42 : 7 =$ ____
$42 : 6 =$ ____

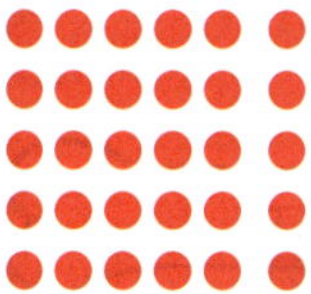

$5 \cdot 6 =$ ____
$6 \cdot 5 =$ ____
$30 : 6 =$ ____
$30 : 5 =$ ____

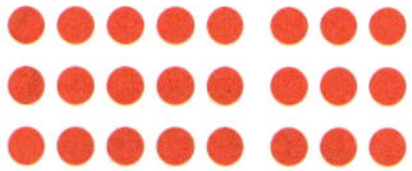

$3 \cdot 8 =$ ____
$8 \cdot 3 =$ ____
$24 : 8 =$ ____
$24 : 3 =$ ____

3 : 1 = ____

20 : 4 = ____

4 · 3 = ____

42 : 7 = ____

32 : 8 = ____

72 : 9 = ____

2 · 2 = ____

30 : 5 = ____

21 : 3 = ____

16 : 2 = ____

30 : 6 = ____

2 · 6 = ____

3 · 4 = ____

28 : 4 = ____

4 · 2 = ____

30 : 10 = ____

49 : 7 = ____

12 : 2 = ____

24 : 6 = ____

24 : 8 = ____

Königsaufgaben nutzen

5 · 3 = ____
1 · 3 = ____

6 · 3 = ____

Multiplikation üben

·	2	4	8
3			
6			

Verteilen und aufteilen

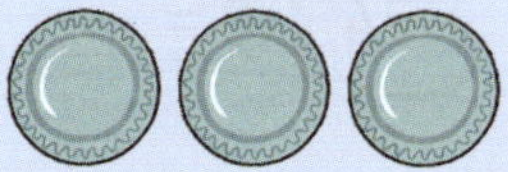

9 : 3 = ____

Immer 3 in ein Netz.

6 : 3 = ____

Aufgabenfamilien

7 · 8 = ____
8 · 7 = ____
56 : 8 = ____
56 : 7 = ____

Spitze, ________!

Wie viele Punkte wurden erzielt?

Lösungsweg:

Es wurden _____ Punkte erzielt.

Wie viele Punkte wurden erzielt?

Lösungsweg:

Es wurden _____ Punkte erzielt.

Wie viele Punkte wurden erzielt?

Lösungsweg:

Es wurden _____ Punkte erzielt.

Welche Fragen kannst du beantworten? Male an.

Wie viele Punkte hat Mini erzielt?

Wie viele Punkte braucht Max, um zu gewinnen?

Wie viele Pfeile kann Max schießen?

Wie viele Pfeile sind in Max' Köcher?

Wie viel Uhr ist es?

Wer gewinnt?

Wie alt ist Max?

Wie oft hat Mini den gelben Ring getroffen?

48 + 37 = ____

40 + 30 = ____

8 + 7 = ____

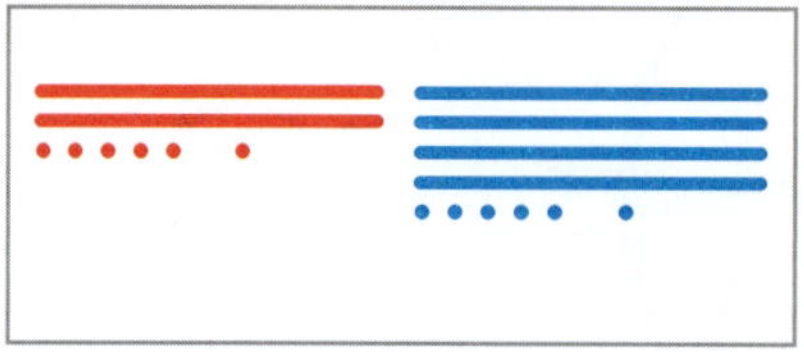

26 + 46 = ____

20 + 40 = ____

6 + 6 = ____

59 + 34 = ____

50 + 30 = ____

9 + 4 = ____

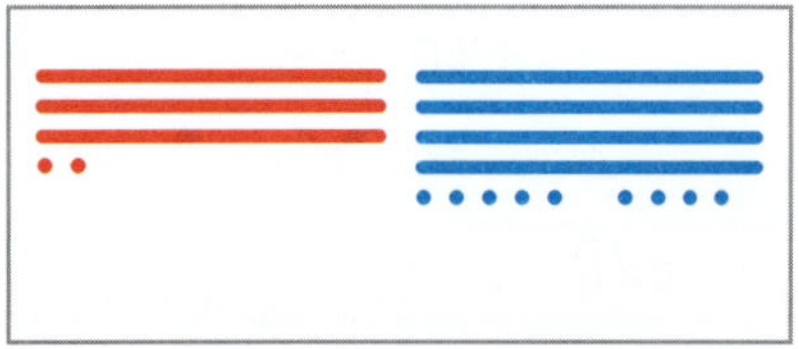

32 + 49 = ____

30 + 40 = ____

2 + ____ = ____

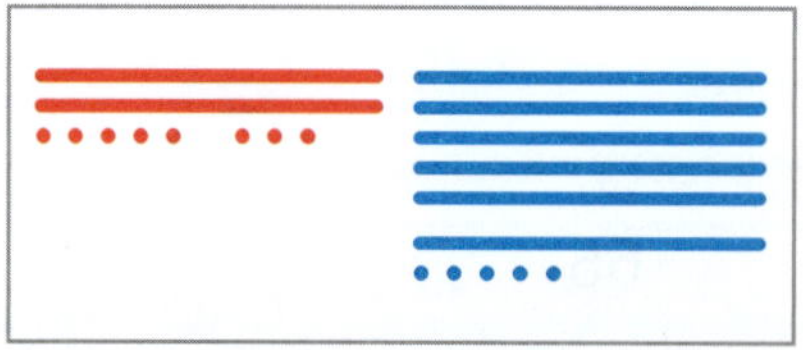

28 + 65 = ____

20 + ____ = ____

____ + ____ = ____

57 + 15 = ____

50 + ____ = ____

____ + ____ = ____

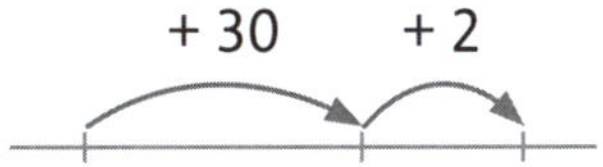

49 79 ___

49 + 32 = ___
49 + 30 = 79
79 + 2 = ___

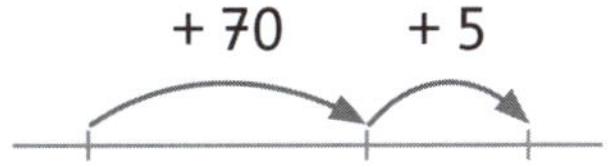

17 ___ ___

17 + 75 = ___
17 + 70 = ___
___ + 5 = ___

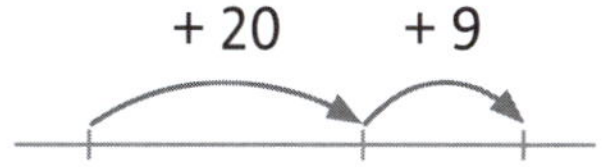

68 ___ ___

68 + 29 = ___
68 + 20 = ___
___ + 9 = ___

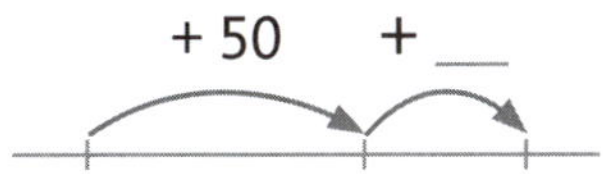

34 ___ ___

34 + 56 = ___
34 + 50 = ___
___ + ___ = ___

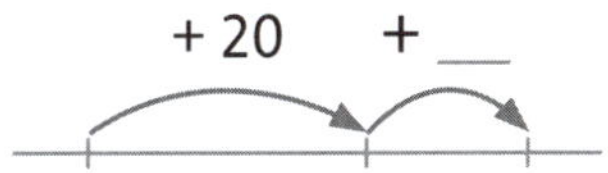

66 ___ ___

66 + 28 = ___
___ + ___ = ___
___ + ___ = ___

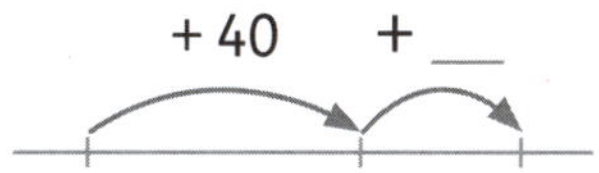

29 ___ ___

29 + 47 = ___
___ + ___ = ___
___ + ___ = ___

Addition mit Zehnerübergang

68 + 19 = ____

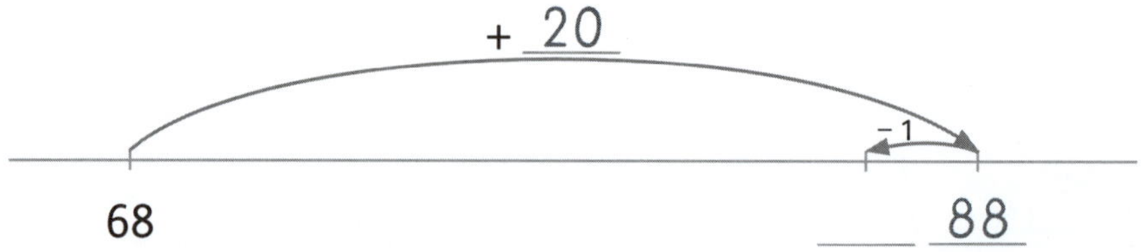

36 + 39 = ____

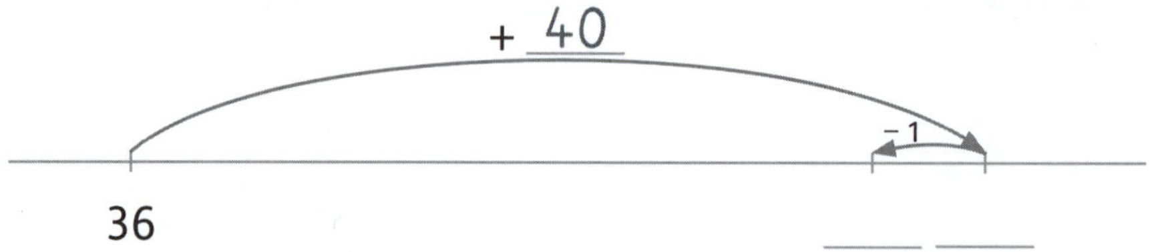

24 + 69 = ____

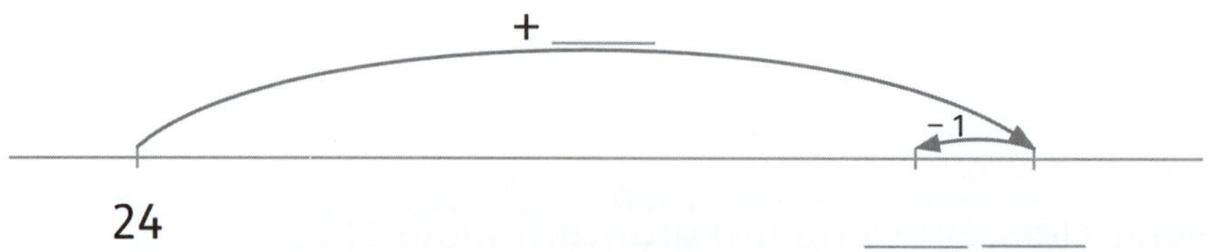

17 + 59 = ____

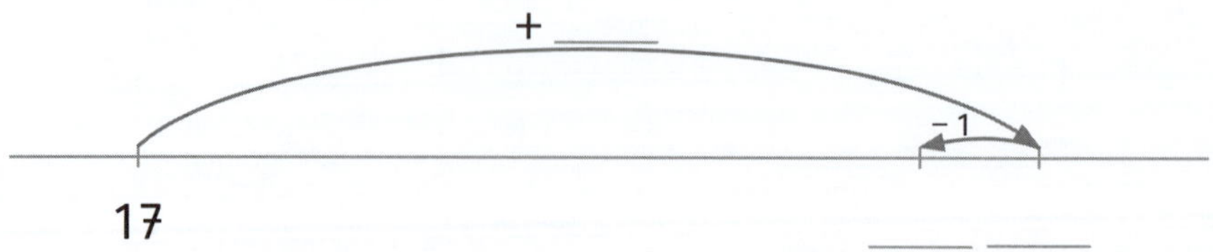

14	16	18

16	14	18

14	18	16

18	16	14

18	14	16

16	18	14

Welche Zielsteine sind am größten? Male an.

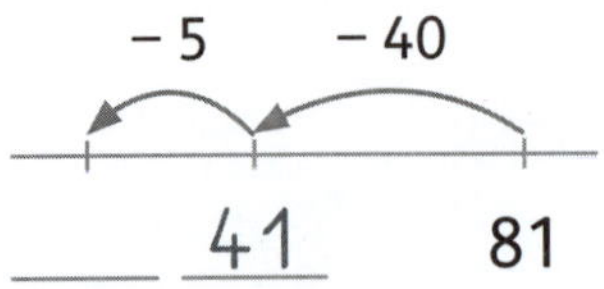

81 − 45 = ___

81 − 40 = 41

41 − 5 = ___

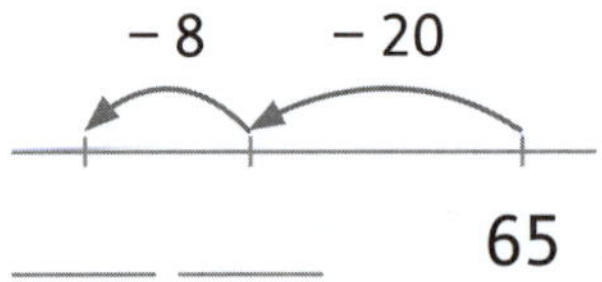

65 − 28 = ___

65 − 20 = ___

___ − 8 = ___

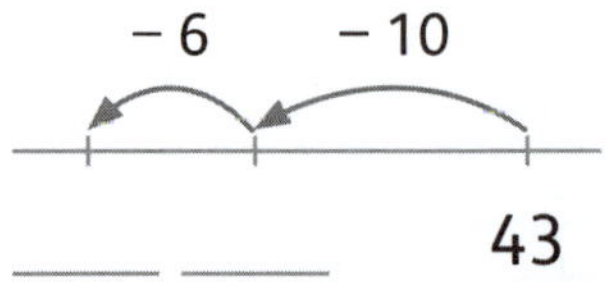

43 − 16 = ___

43 − 10 = ___

___ − 6 = ___

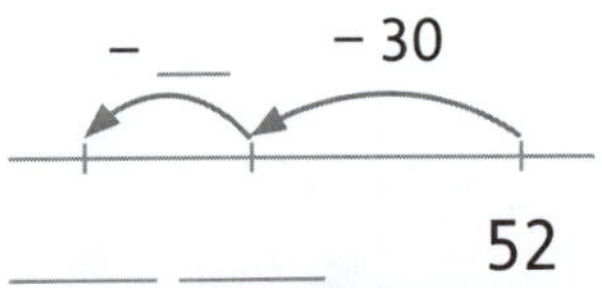

52 − 34 = ___

52 − 30 = ___

___ − ___ = ___

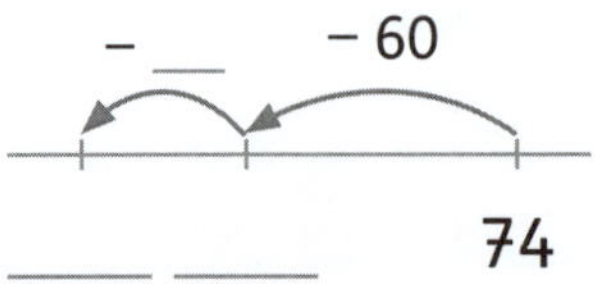

74 − 65 = ___

___ − ___ = ___

___ − ___ = ___

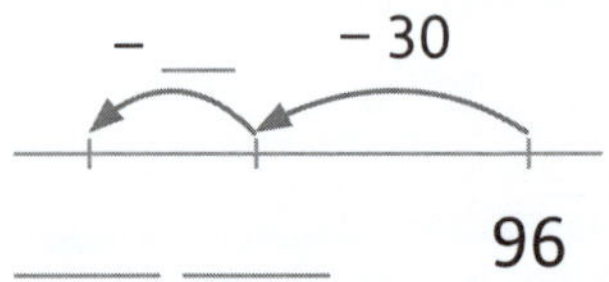

96 − 38 = ___

___ − ___ = ___

___ − ___ = ___

74 – 49 = ____

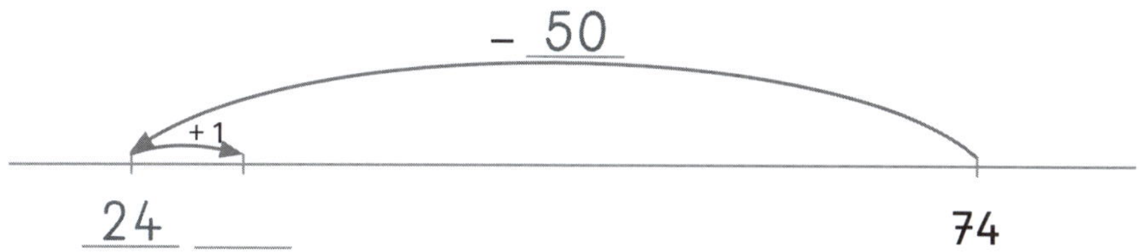

53 – 39 = ____

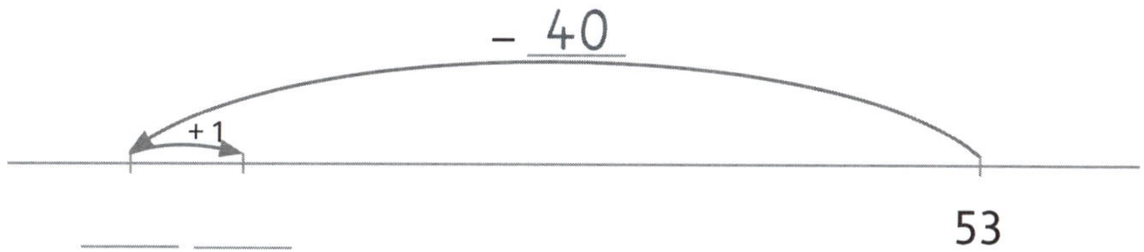

87 – 19 = ____

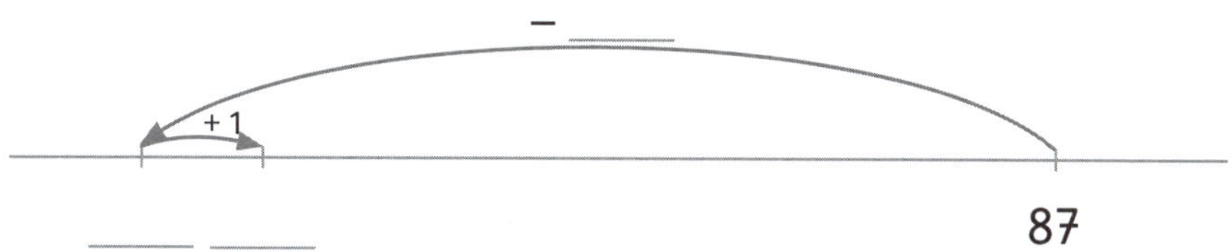

45 – 29 = ____

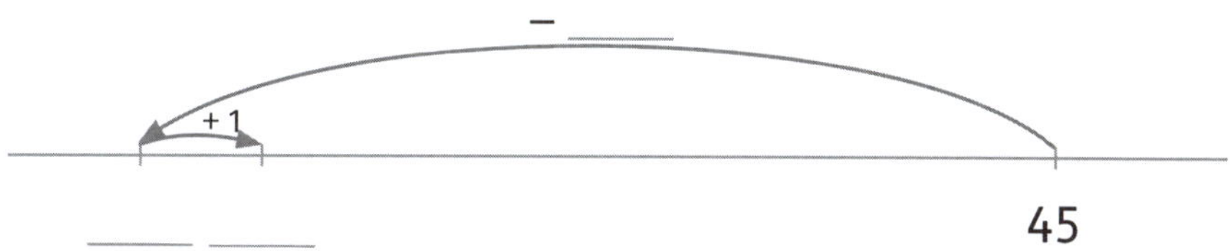

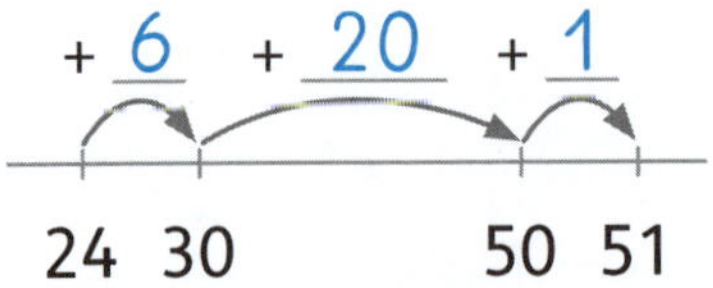

51 − 24 = ____,
denn 24 + 27 = 51

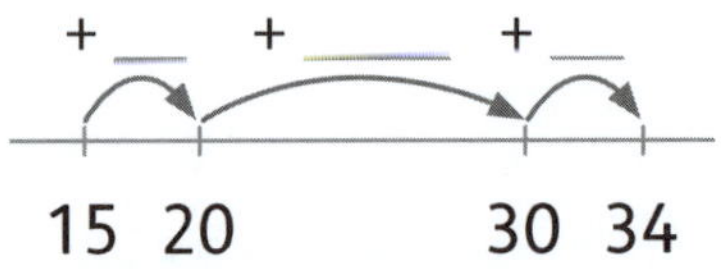

34 − 15 = ____,
denn 15 + ____ = 34

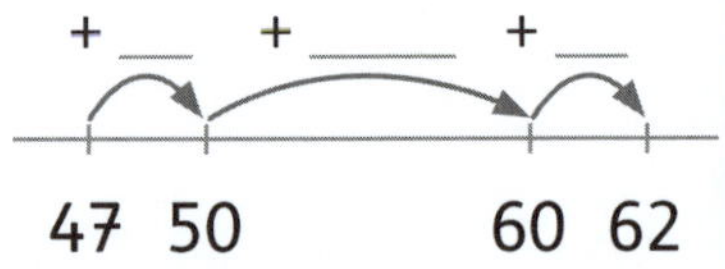

62 − 47 = ____,
denn 47 + ____ = 62

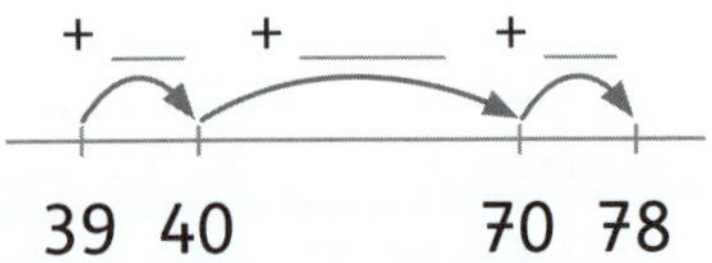

78 − 39 = ____,
denn 39 + ____ = 78

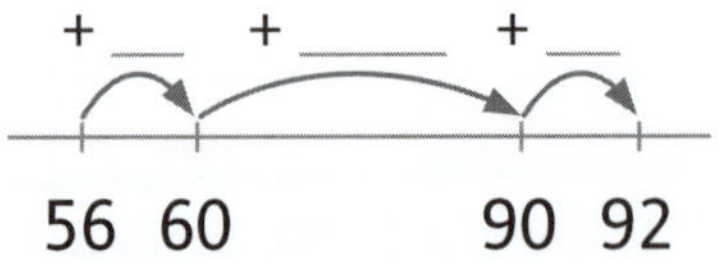

92 − 56 = ____,
denn 56 + ____ = 92

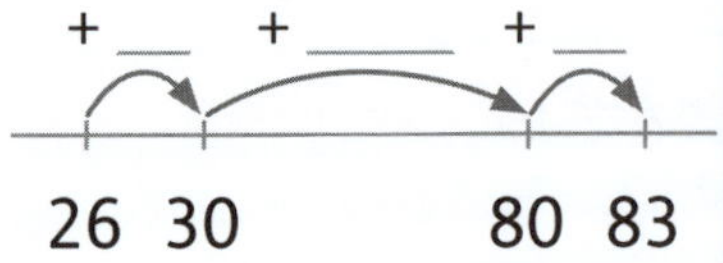

83 − 26 = ____,
denn 26 + ____ = 83

	90	
45		
30		

	90	
44		
29		

	90	
43		
28		

	90	
42		
27		

	90	
		49
		34

	90	
		50
		35

	90	
		51
		36

	90	
		52
		37

Welche Zahlen sind in allen Mauern gleich?

Male gleiche Zahlen in gleicher Farbe an.

56 + 27 = ___
27 + 56 = ___
83 − 27 = ___
83 − 56 = ___

49 + 33 = ___
33 + 49 = ___
82 − 33 = ___
82 − 49 = ___

74 + 17 = ___
17 + 74 = ___
91 − 17 = ___
91 − 74 = ___

45 + 38 = ___
38 + 45 = ___
83 − 38 = ___
83 − 45 = ___

59 + 12 = ___
___ + ___ = ___
71 − 12 = ___
___ − ___ = ___

47 + 26 = ___
___ + ___ = ___
73 − 26 = ___
___ − ___ = ___

+	5	25	35
25			
26			
27			

−	3	13	33
73			
72			
71			

+	9	19	39
34			
44			
54			

−	9	29	49
82			
72			
62			

+		37	
4	40		42
	50		
15			

Bilde Plusaufgaben.

Markiere, was du zuerst rechnest.

27 16 3

27 + 3 + 16 = ______

56 14 9

56 + 14 + ___ = ______

18 33 27

______

65 5 16

______

34 26 22

______

19 35 31

______

12 48 31

______

19 14 66

______

Bilde Minusaufgaben.

Markiere, was du zuerst rechnest.

65 5 18

65 – 5 – 18 =

72 16 22

72 – 22 – =

48 18 6

48 –

96 27 36

96 –

81 31 46

81 –

63 33 24

63 –

54 17 14

54 –

97 57 11

97 –

<, > oder = ?

36 + 30 (<) 70	28 + 12 ○ 40	88 + 11 ○ 99
66 (<) 70	___ ○ 40	___ ○ 99
36 + 40 ○ 70	26 + 15 ○ 40	78 + 22 ○ 99
___ ○ 70	___ ○ ___	___ ○ ___

100 − 20 ○ 70	76 − 45 ○ 45	32 − 4 ○ 18
___ ○ 70	___ ○ 45	___ ○ 18
99 − 29 ○ 70	86 − 45 ○ 45	42 − 24 ○ 18
___ ○ 70	___ ○ ___	___ ○ ___

Umfrage der 2. Klassen: Was spielt ihr in der Pause?

	Verstecken 	Ballspielen 	Klettern 	Spielgeräte 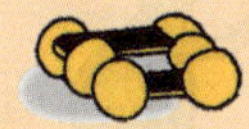	Hüpfspiel 
Klasse 2a	5	6	4	7	7
Klasse 2b	4	8	6	5	7

Wie viele Kinder der Klasse 2a spielen gerne Ballspiele? ______________________

Wie viele Kinder der Klasse 2b spielen mit Spielgeräten? ______________________

Was wird in beiden Klassen gleich oft gespielt? ______________________

Was spielen die wenigsten Kinder in Klasse 2b? ______________________

Was machen die meisten Kinder in Klasse 2b? ______________________

Wie viele Kinder klettern insgesamt? ______________________

Was machst du am liebsten in der Pause? ______________________

Verteile.

17 : 4 = ____ R __ ,

____ bleibt übrig.

16 : 3 = ____ R __ ,

____ bleibt übrig.

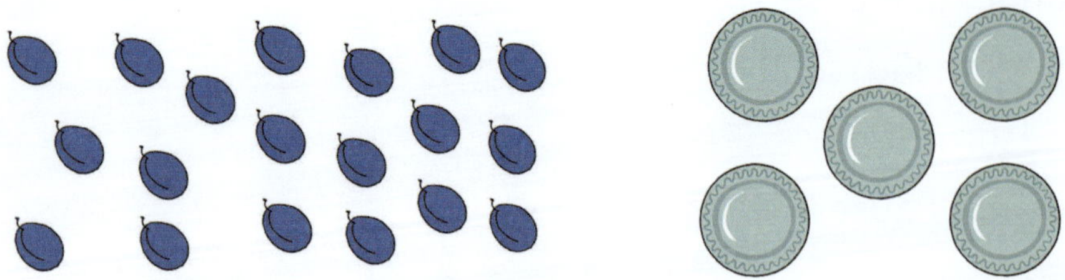

19 : 5 = ____ R __ ,

____ bleiben übrig.

Sachaufgaben

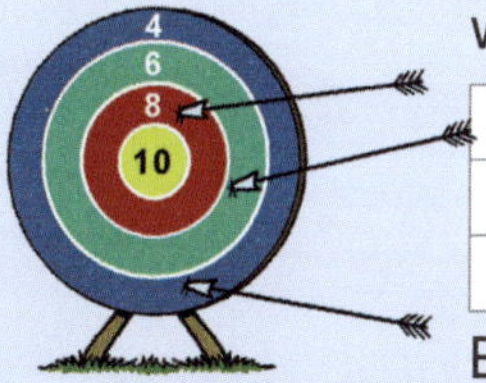

Wie viele Punkte wurden erzielt?

Es wurden _____ Punkte erzielt.

Addition mit Zehnerübergang

+	3	43	46
27			
19			

Subtraktion mit Zehnerübergang

	100	
53		
	38	

Division mit Rest

8 : 3 = __ R __

Toll, __________!

1. Ich bearbeite die Aufgabe alleine.

2. Ich stelle meine Ergebnisse in meiner Gruppe vor.
   - ☐ Ich erkläre, wie ich die Aufgabe gelöst habe.
   - ☐ Ich höre zu, wenn andere Kinder ihre Ergebnisse vorstellen.
   - ☐ Ich stelle Fragen, wenn ich etwas nicht verstehe.

3. Wir vergleichen unsere Ergebnisse.
   - ☐ Was haben wir gleich gemacht?
   - ☐ Was haben wir anders gemacht?
   - ☐ Sind die Ergebnisse richtig?
   - ☐ Welcher Lösungsweg gefällt uns gut?
   - ☐ Was war schwierig? Was war leicht?

Wenn ich Informationen suche, kann ich verschiedene Medien nutzen, zum Beispiel ein Buch oder eine Suchmaschine im Internet.

1. Was suche ich?

2. Ich wähle ein geeignetes Buch. Ich suche die Seite, auf der etwas zu meinem Begriff steht.

   Ich kann auch eine Suchmaschine im Internet öffnen. Ich tippe meinen Suchbegriff ein.

3. Ich lese den Text durch.

4. Ich notiere die Informationen, die ich finde.

Checkliste: Lern-Apps nutzen

1. Ich klicke auf das App-Symbol.

2. Ich melde mich mit meinen Zugangsdaten an.

3. Ich wähle eine Aufgabe aus.

4. Ich starte die Aufgabe.

5. Ich mache nach einer Weile eine Pause und bewege mich.